Viola Schulz

Naturphänomene Pflanzenkeimung (Klasse 5)

Schülerarbeitsheft mit Lösungen

GRIN Verlag

Bibliografische Information der Deutschen Nationalbibliothek:

Die Deutsche Bibliothek verzeichnet diese Publikation in der Deutschen National-
bibliografie; detaillierte bibliografische Daten sind im Internet über http://dnb.d-
nb.de/ abrufbar.

Impressum:

Copyright © 2013 GRIN Verlag GmbH
Druck und Bindung: Books on Demand GmbH, Norderstedt Germany
ISBN: 978-3-656-69709-1

Dieses Buch bei GRIN:

http://www.grin.com/de/e-book/214845/naturphaenomene-pflanzenkeimung-
klasse-5

GRIN - Your knowledge has value

Der GRIN Verlag publiziert seit 1998 wissenschaftliche Arbeiten von Studenten, Hochschullehrern und anderen Akademikern als eBook und gedrucktes Buch. Die Verlagswebsite www.grin.com ist die ideale Plattform zur Veröffentlichung von Hausarbeiten, Abschlussarbeiten, wissenschaftlichen Aufsätzen, Dissertationen und Fachbüchern.

Besuchen Sie uns im Internet:

http://www.grin.com/

http://www.facebook.com/grincom

http://www.twitter.com/grin_com

Naturphänomene 5

Pflanzenkeimung - Schülerarbeitsheft

Viola Schulz

Inhaltsverzeichnis

Der Bau eines Pflanzensamens

V1 :   **Was verbirgt sich in einem Bohnensamen?**

Material:

1. Bestimme die Länge und Masse eines Bohnensamens!

Länge: _____   Masse: _____

2. Bestimme die Länge und Masse eines Bohnensamens, der 24h lang eingeweicht wurde!

Länge: _____   Masse: _____

Zeichnung:

Was stellst du fest? _____

3. Aufgabe: Die Präparation des Samens

   a) Ritze die Samenschale vorsichtig auf der dem Nabel gegenüberliegenden Seite auf
       und entferne sie.
       Nun siehst du zwei weiße Keimblätter, die den größten Teil des Samens ausmachen.
   b) Klappe die 2 Keimblätter vorsichtig auseinander.
   c) Untersuche mit Lupe und Binokular.
   d) Fertige eine Zeichnung auf ein weißes Blatt an. Was ist bereits im Pflanzensamen zu
       sehen?
   e) Fülle die Lücken im Text „Beobachtung" aus.
   f) Beschrifte deine Zeichnung mithilfe des Textes zur Beobachtung. Denke an die
       Überschrift. (B. S. 222)

Beobachtung:

Die Untersuchung am Bohnensamen zeigt, dass bereits im Samen

....

angelegt ist. Man erkennt eine winzig kleine **Keimwurzel**, einen

Keimstängel und zwei **erste Laubblätter** .

Den größten Anteil des Samens nehmen die zwei .... ein.

---

4. Gib auf eine der beiden Seitenhälften mit einer Pipette zwei Tropfen Jodlösung.
    Beschreibe, was du beobachten kannst. Welchen Stoff hast du mit der Jodlösung
    nachgewiesen und wozu dient er?

Der Bau eines Pflanzensamens

Zeichnung Seitenansicht und Längsschnitt:

Keimung und Wasser

Hausaufgabe!

1. Fertige für die dargestellten Versuche zunächst eine ausführliche, schriftliche Versuchsanleitung auf einem Extrablatt an.
2. Trage die Ergebnisse der Experimente nach 2 Wochen in die oben stehende Tabelle ein.

V 1 : Die Keimung von Bohnensamen

Material: Bohnensamen, Wasserschale, Schale, Blumentopf, Gartenerde, Filterpapier

Durchführung:

1. Lasse 3 Bohnensamen etwa eine Stunde lang in einer mit Wasser gefüllten Schale quellen.
2. Fülle einen Blumentopf mit Gartenerde/Blumenerde.
3. Stecke die vorgequollenen Samen in die Erde und stelle den Topf auf die Fensterbank.
4. Halte die Blumenerde feucht.
5. Beobachte jeden zweiten Tag die Bohnen über 2 Wochen und protokolliere deine Ergebnisse in einer Tabelle (s.u.) auf einem **Extrablatt** mit der Versuchsüberschrift. Klebe eventuell ein Foto dazu ein!

Versuchstag	Beobachtung/Skizze oder Foto
2	
4	

V 2: Wasser, Wärme, Erde und Licht und die Keimung

Überprüfe mit den folgenden Versuchen den Einfluss von Wasser, Wärme, Erde und Licht auf den Keimungsvorgang.

Versuchs-Nr.	Bedingungen	Ergebnis – Achte auch auf die Pflanzenfarbe
1	Wasser, Wärme, Erde, Licht	
2	Kein Wasser	
3	Keine Wärme	
4	Keine Erde	
5	Kein Licht	

3. Was lässt sich daraus schließen?

Samen benötigen..

....

....

Die Entwicklung der Gartenbohne

1. Untersuche mit der Lupe einen gequollenen Bohnensamen zunächst von außen, dann von innen und beschreibe den Unterschied.

2. Beschreibung kurz die dargestellten Entwicklungsschritte der Bohne.

a) _____

b) _____

c) _____

d) _____

e) _____

f) _____

g) _____

Naturphänomene 5

Pflanzenkeimung – Lehrerheft

Viola Schulz

Der Bau eines Pflanzensamens

V1 :   **Was verbirgt sich in einem Bohnensamen?**

Material:

5. Bestimme die Länge und Masse eines Bohnensamens!

Länge: _____   Masse: _____

6. Bestimme die Länge und Masse eines Bohnensamens, der 24h lang eingeweicht wurde!

Länge: _____   Masse: _____

Zeichnung:

Was stellst du fest?

7. Aufgabe: Die Präparation des Samens

g) Ritze die Samenschale vorsichtig auf der dem Nabel gegenüberliegenden Seite auf und entferne sie.
    Nun siehst du zwei weiße Keimblätter, die den größten Teil des Samens ausmachen.
h) Klappe die 2 Keimblätter vorsichtig auseinander.
i) Untersuche mit Lupe und Binokular.
j) Fertige eine Zeichnung auf ein weißes Blatt an. Was ist bereits im Pflanzensamen zu sehen?
k) Fülle die Lücken im Text „Beobachtung" aus.
l) Beschrifte deine Zeichnung mithilfe des Textes zur Beobachtung. Denke an die Überschrift. (B. S. 222)

Beobachtung:

Die Untersuchung am Bohnensamen zeigt, dass bereits im Samen
ein Keimling
....

angelegt ist. Man erkennt eine winzig kleine **Keimwurzel**, einen

Keimstängel und zwei **erste Laubblätter** .

Den größten Anteil des Samens nehmen die zwei .Keimblätter. ein.

8. Gib auf eine der beiden Seitenhälften mit einer Pipette zwei Tropfen Jodlösung. Beschreibe, was du beobachten kannst. Welchen Stoff hast du mit der Jodlösung nachgewiesen und wozu dient er?
    Stärke ist ein Nährstoff → Energie

Seitenansicht:

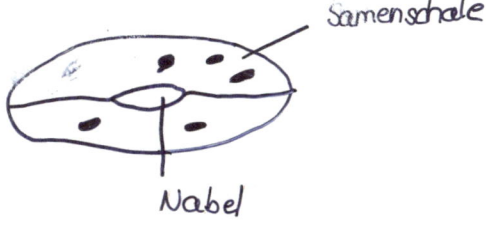

Samenschale

Nabel

Längsschnitt

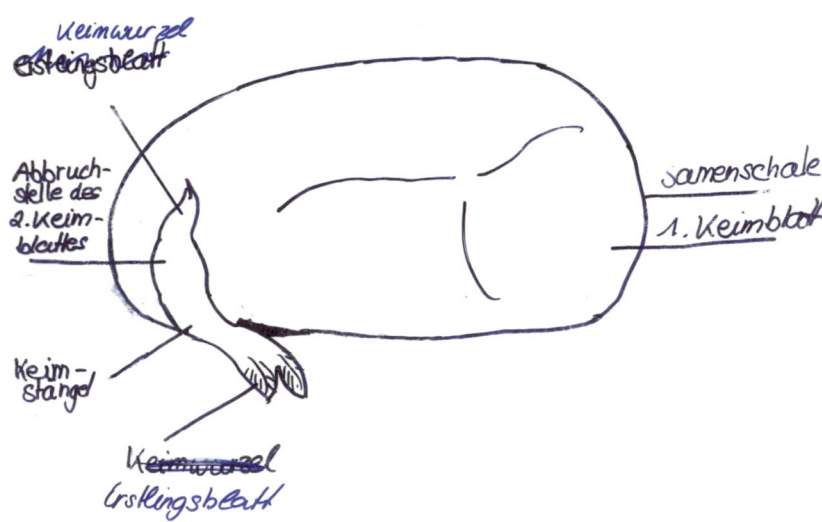

Keimwurzel
Erstlingsblatt

Abbruch-
stelle des
2.Keim-
blattes

Samenschale

1. Keimblatt

Keim-
stengel

Keimwurzel
Erstlingsblatt

Keimung und Wasser

Hausaufgabe!

4. Fertige für die dargestellten Versuche zunächst eine ausführliche, schriftliche Versuchsanleitung auf einem Extrablatt an.
5. Trage die Ergebnisse der Experimente nach 2 Wochen in die oben stehende Tabelle ein.

V 1 : Die Keimung von Bohnensamen

Material: Bohnensamen, Wasserschale, Schale, Blumentopf, Gartenerde, Filterpapier

Durchführung:

6. Lasse 3 Bohnensamen etwa eine Stunde lang in einer mit Wasser gefüllten Schale quellen.
7. Fülle einen Blumentopf mit Gartenerde/Blumenerde.
8. Stecke die vorgequollenen Samen in die Erde und stelle den Topf auf die Fensterbank.
9. Halte die Blumenerde feucht.
10. Beobachte jeden zweiten Tag die Bohnen über 2 Wochen und protokolliere deine Ergebnisse in einer Tabelle (s.u.) auf einem **Extrablatt** mit der Versuchsüberschrift. Klebe eventuell ein Foto dazu ein!

Versuchstag	Beobachtung/Skizze oder Foto
2	
4	

V 2: Wasser, Wärme, Erde und Licht und die Keimung

Überprüfe mit den folgenden Versuchen den Einfluss von Wasser, Wärme, Erde und Licht auf den Keimungsvorgang.

Versuchs-Nr.	Bedingungen	Ergebnis – Achte auch auf die Pflanzenfarbe
1	Wasser, Wärme, Erde, Licht	Grün, wächst
2	Kein Wasser	vertrocknet
3	Keine Wärme	Wächst sehr langsam
4	Keine Erde	Wächst, grün
5	Kein Licht	Sehr hell, bzw. nicht grün

6. Was lässt sich daraus schließen?

Samen benötigen für ein optimales Wachstum Wasser, Wärme, Licht und Erde.

....

....

Die Entwicklung der Gartenbohne

1. Untersuche mit der Lupe einen gequollenen Bohnensamen zunächst von außen, dann von innen und beschreibe den Unterschied.

2. Beschreibung kurz die dargestellten Entwicklungsschritte der Bohne.

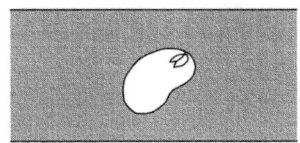   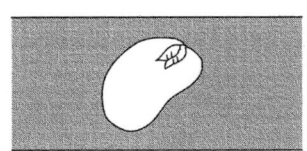

a) *Samen nimmt Wasser auf*
 und quillt.

b) *Samen nimmt Wasser*
 auf und quillt.

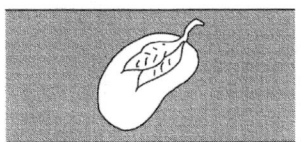   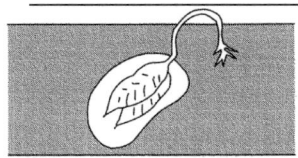

c) *Keimwurzel durchbricht*
 Samenschale

d) *Keimwurzel bildet Seiten-*
 wurzeln, Stängel sichtbar

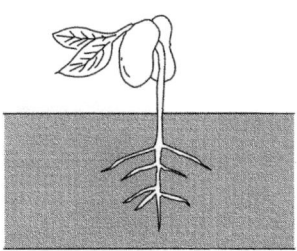

e) *Stängel richtet sich auf*

f) *Grüne Laubblätter entfalten*
 sich

g) *Bohne wächst, rankt*
 und blüht.

zu 1.:
Vor der Präparation: Vergleich zwischen trockenem und gequollenem Samen. Der gequollene Samen ist etwa doppelt so groß und schwer wie der trockene. Am gequollenen Samen lässt sich die Samenschale leicht mit den Fingernägeln entfernen. Präparierbesteck ist deshalb nicht nötig.

Zusatzinformationen

Zum Vergleich Bohnensamen – Weizenkorn
Das Weizenkorn ist, da es aus einem ganzen Fruchtknoten hervorgeht, kein Samen, sondern eine Frucht. Allerdings liegen Frucht und Samenschale so fest aneinander, dass sie bei der Untersuchung durch Schüler nicht getrennt werden können. Dennoch ist ein Vergleich zwischen Bohnensamen und Weizenkorn gerechtfertigt, da ihre biologischen Aufgaben gleich sind. Es sind beides Fortpflanzungseinheiten, die den Keimling mit Vorratsstoffen für Aufbau und Energiegewinnung während der Keimung enthalten.
Verschieden sind Bohnensamen und Weizenfrucht hinsichtlich der Lage der Nahrungsreserven: Während die Nährstoffe für die Keimpflanze der Bohne in dieser selbst, nämlich in den Keimblättern, eingelagert sind, besitzt das Getreidekorn ein eigenes Nährgewebe (Mehlkörper); in seinem Keimling dagegen sind keine Reservestoffe gespeichert.
Ein weiterer Unterschied besteht beim Keimvorgang: Der Bohnenspross drückt sich im Bogen aus der Erde („Bogenkeimer"), das Getreidepflänzchen dagegen durchstößt die Erde mit seiner Spitze („Spitzenkeimer").

„Überirdische" (epigäische) und „unterirdische" (hypogäische) Keimung
Die Keimpflanze der Gartenbohne nimmt bei der Keimung die Keimblätter über die Erdoberfläche mit (epigäische Keimung), bei der Feuerbohne dagegen bleiben sie darunter (hypogäische Keimung).

Keimung einer einkeimblättrigen (Weizenkorn) und einer zweikeimblättrigen (Bohne) Pflanze

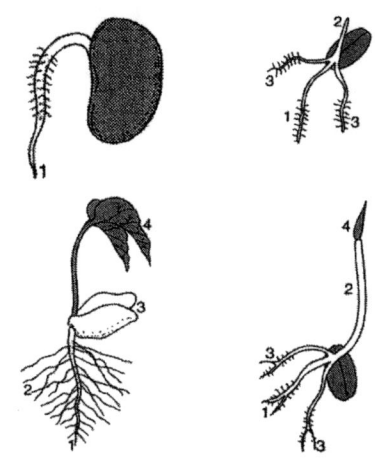

Keimende Bohne
1. Hauptwurzel
2. Nebenwurzeln
3. Keimblätter
4. erste Laubblätter

Keimendes Weizenkorn
1. Hauptwurzel (stirbt ab)
2. Keimscheide
3. Nebenwurzeln
4. erstes Laubblatt

Quellenverzeichnis

Bilder:
Wikipedia, 2013

Quellen:
Spannende Experimente aus Natur und Technik, DK Verlag 2006
Das große Buch der Experimente, Bechtermünz, 1994
Bios 5/6, Diesterweg, 2005

Austausch mit Kollegen